BEI GRIN MACHT SICH IHR WISSEN BEZAHLT

- Wir veröffentlichen Ihre Hausarbeit, Bachelor- und Masterarbeit

- Ihr eigenes eBook und Buch - weltweit in allen wichtigen Shops

- Verdienen Sie an jedem Verkauf

Jetzt bei www.GRIN.com hochladen und kostenlos publizieren

Bibliografische Information der Deutschen Nationalbibliothek:

Die Deutsche Bibliothek verzeichnet diese Publikation in der Deutschen National-bibliografie; detaillierte bibliografische Daten sind im Internet über http://dnb.d-nb.de/ abrufbar.

Impressum:

Copyright © 2017 GRIN Verlag, Open Publishing GmbH
Druck und Bindung: Books on Demand GmbH, Norderstedt Germany
ISBN: 9783668524934

Dieses Buch bei GRIN:

http://www.grin.com/de/e-book/375833/radarsensoren-fuer-das-autonome-fahren

Martin Böhme

Radarsensoren für das autonome Fahren

GRIN Verlag

Inhaltsverzeichnis

1. Geschichte des Radars

Das Radarprinzip (engl. Radio Detection and Ranging) wurde erstmals im Jahr 1886 von Heinrich Hertz beschrieben. Heinrich Hertz entdeckte, dass Radiowellen von metallischen Objekten reflektiert werden. Weiterentwickelt wurde diese Erkenntnis von dem Hochfrequenztechniker Christian Hülsmeyer. Er erkannte, dass mit diesem Verfahren entfernte metallische Objekte detektiert werden können. Sein Telemobiloskop, mit dem er entfernte Schiffe detektieren konnte, gilt als Vorläufer der heutigen Radarsysteme.

Schließlich war es der schottische Physiker Sir Robert Alexander Wattson-Watt, der sich 1919 ein Verfahren zur Ortung von Objekten mittels Radiowellen patentieren ließ. Die Radartechnik wurde für militärische Zwecke zur Zeit des Zweiten Weltkriegs stark vorangetrieben und ist heute in vielen Bereichen, sowohl zivil (z.B. Wetterradar) als auch militärisch (z.B. Artillerieradar) stark vertreten. Entsprechend dieser unterschiedlichen Einsatzgebiete kommen auch sehr unterschiedliche Techniken und Frequenzen zum Einsatz.

Die eingesetzten Frequenzen reichen von einigen MHz für die Radioastronomie bis zu mehreren GHz im Bereich der industriellen Fertigung [Glatz, 2008].

Radar wurde erstmals im Jahre 1998 für eine adaptive Geschwindigkeitsregelung in Fahrzeugen angeboten [Muntzinger, 2011].

2. Technische Grundlagen

Ein Radarsystem besteht grundsätzlich aus den in Abbildung 1 dargestellten Elementen. Das Radarsignal wird durch einen Sender erzeugt und durch die Antenne ausgestrahlt [Skolnik, 1970]. Der hier dargestellte Duplexer ermöglicht es der Antenne, sowohl Sender als aus Empfänger zu sein. Die Radarwellen werden von reflektierenden Objekten zu einem kleinen Teil in die Richtung des Radars zurückgeworfen. Dieses Signal wird nun von der Antenne gebündelt und durch den Empfänger verstärkt. Wenn das empfangene Signal ausreichend ist, so wurde ein Objekt detektiert. Das Signal kann anschließend aufgearbeitet werden und beispielsweise auf einem Bildschirm sichtbar gemacht werden.

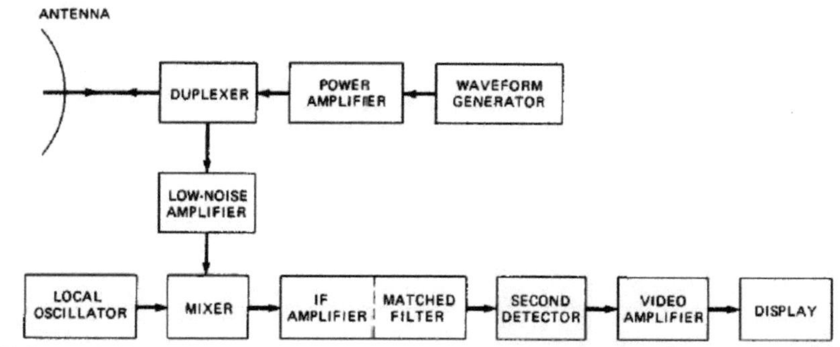

Abbildung 1: Blockdiagramm eines Radarsystems mit leistungsverstärktem Sender und einem Überlagerungsempfänger

[Skolnik, 1970]

Radarstrahlen verlassen den Sensor in gebündelter Weise mit gleicher Intensität in alle Raumrichtungen, nicht als Kugelwelle. Dafür sorgt die Antenne [Winner et al, 2015]. Der direktive Antennengewinn G_D beschreibt das Verhältnis zwischen der Intensität $P(\phi,\vartheta)_{max}$ im Raumwinkel der stärksten Abstrahlung und dem Wert $P_{total}/4\pi$ eines homogenen Kugelstrahlers gleicher Gesamtleistung $P_{total} = \iint P(\phi,\vartheta)d\phi d\vartheta$ [Winner et al, 2015]. ϕ ist der Azimutwinkel in der horizontalen Ebene und ϑ der Elevationswinkel in der vertikalen Ebene. Der direktive Antennengewinn ist umso größer, desto stärker die Strahlen gebündelt werden.

Die Reichweite ist diejenige Entfernung von dem Radarsender zum Ziel, bei der die Empfangsleistung P_e bei gegebener Rückstreufläche des Ziels gerade noch oberhalb des kleinsten detektierbaren Signals P_{MDS} liegt [Göbel, 2011].
Die allgemeine Radargleichung für Radarsysteme mit Antennen, die gleichzeitig senden und empfangen (Monostatisch), lautet wie folgt:

$$R_{max} = \sqrt[4]{\frac{P_s * G^2 * \sigma * \lambda^2}{P_{MDS} * (4\pi)^3 * L}}$$

$$(2.1)$$

P_s bezeichnet hierbei die gleichmäßige Verteilung der Leistung einer elektromagnetischen Welle über einer Kugeloberfläche. Der Antennengewinn ist mit G gekennzeichnet (Hier monostatisch, daher $G_S(Sendegewinn)$ multipliziert mit $G_e(Empfangsgewinn)$). σ ist der Rückstrahlquerschnitt, ein Maß für den Anteil der reflektierten Leistung (siehe auch Tabelle 1). Die Systemverluste sind zusammengefasst und als L im Nenner zu finden. Die Reichweite ist also proportional der vierten Wurzel der Sendeleistung [Göbel, 2011]. Die Verdopplung der Reichweite zieht also, bei gleichbleibenden Nebenbedingungen, eine Faktor 16 höhere Sendeleistung nach sich. Eine andere Möglichkeit ist durch die Erhöhung der Wellenlänge λ möglich, was wiederum Einfluss auf Größen wie beispielsweise Antennengröße und Wellenausbreitung hat [Göbel, 2011]. Die Detektierung eines Ziels ist grundsätzlich immer ein statistischer Vorgang, bei dem immer der Entdeckungs- und Falschmeldewahrscheinlichkeit Rechnung getragen werden muss.

Tabelle 1: Rückstrahlquerschnitte von Radarzielen

Radarziel	Rückstrahlquerschnitt in m^2
Mehrstrahliges Verkehrsflugzeug	$5 \ldots 20$
Düsenjäger	$1 \ldots 5$
Großes Schiff (Breitseite)	$50 \ldots 500$
Mensch	$0,5$
Vogel	$0,001 \ldots 0,01$
Insekt	$0,0001$
Artilleriegeschoß	$0,001$
Metallische Kugel mit Radius r (Wellenlänge $\lambda \ll r$)	$\pi\, r^2$
Ebene Metallplatte der Fläche A (Senkrecht beleuchtet und $\lambda \ll 2\pi\sqrt{A}$)	$\dfrac{4\pi A^2}{\lambda^2}$

[Ludloff, 2013]

Radarsysteme lassen sich durch die Art der Messung unterscheiden.
Zum einen gibt es sogenannte Puls-Doppler Radare, zum anderen frequenzmodulierte Dauerstrichradare (engl. FMCW= frequency modulated continuous wave). Das Puls-Doppler Radar nutzt die Frequenzänderung des gesendeten Pulses durch den Dopplereffekt um die Relativgeschwindigkeit zu bestimmen. Das frequenzmodulierte Dauerstrichradar verändert zeitlich die Frequenz einer kontinuierlich ausgesendeten Millimeterwelle. Durch die zeitliche Frequenzverschiebung des empfangenden Signals wird die Entfernung bestimmt. Bei diesem Verfahren kann ebenfalls der Dopplereffekt zur Bestimmung der Relativgeschwindigkeit verwendet werden [Wender, 2008] (siehe auch Kapitel 2.4).

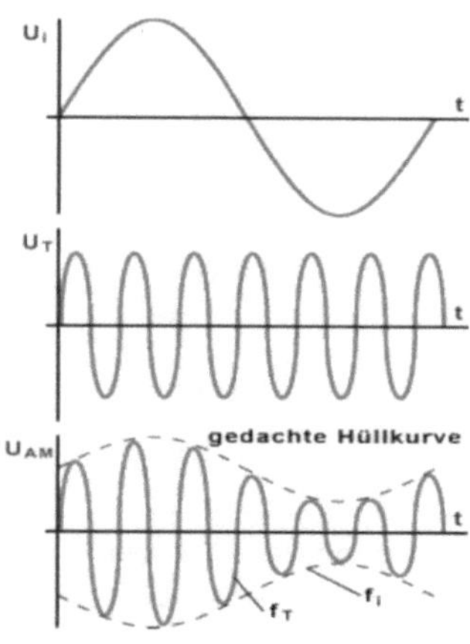

Abbildung 2: Amplitudenmodulation

Quelle: [Elektronik Kompendium, 2017]

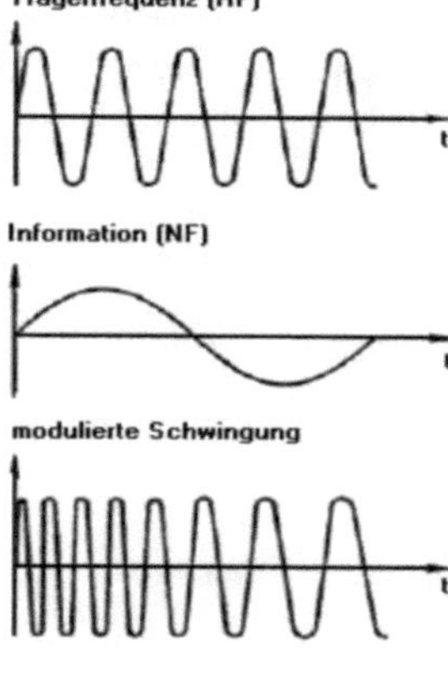

Abbildung 3: Frequenzmodulation

Quelle: [Arcor, 2017]

Die Abstrahlung und der Empfang von elektromagnetischen Wellen stellt nur die notwendige Voraussetzung für die Funktion von Radar dar [Winner, et al. 2015]. Die elektromagnetischen Wellen sind der Träger der Informationen, die Information selbst muss dem Träger sendeseitig aufmoduliert und empfangsseitig demoduliert werden. Vereinfacht gesagt muss der Information eine Signatur zur Wiedererkennung und ein Zeitbezug zur Messung der Laufzeit mitgegeben werden. Mathematisch betrachtet ist die Modulation eine Multiplikation von Träger- und Informationssignal (siehe auch Abbildung 2 und 3).

Die allgemeine Form für die ausgesendete Radarstrahlung ist eine harmonische Wellenfunktion:

$$u_t(t) = A_t \cdot \cos(2\pi f_0 t + \varphi_0) \qquad\qquad \textbf{(2.1.1)}$$

Mit den drei Variablen Amplitude A, Frequenz f, und Phasenverschiebung φ kann eine Modulation durchgeführt werden. Im Automobilbereich wird meist eine Amplitudenmodulation in Form von Pulsmodulation und eine Frequenzmodulation vorgenommen [Winner, et al. 2015].

Bei der Pulsmodulation wird ein kurzer Wellenzug der Pulslänge τ_p gebildet. Dieser ideale Puls benötigt eine zur Pulslänge reziproke Bandbreite. Das Signal ergibt sich aus der Multiplikation einer ebenen Welle und einer Fensterfunktion, die für einen ideal schnell an- und abschaltenden Puls als Rechteckfenster um die Pulsmitte t_0 beschrieben wird [Winner, et al. 2015].

Bei der linearen Frequenzmodulation steigt oder fällt die Frequenz innerhalb eines Rechteckpulses zeitlinear über die Dauer τ des unkomprimierten Pulses um den positiven oder negativen Frequenzhub ΔF, ausgehend von der Startfrequenz $f_0 - \Delta F/2$ [Ludloff, 2008]. Der Frequenzmodulation werden folgende Verfahren zugeordnet:
FSK (engl. Frequency-Shift-Keying), FMSK (Frequency Modulated Shift Keying), FMCW (Frequency Modulated Continuous Wave) und Chirp Sequence Modulation.

Die Wahl der Modulationsart hängt im Wesentlichen von folgenden Größen ab:
1. Entfernungsauflösung
2. Erwarteter Dopplerbereich der Ziele
3. Dauer des Sendepulses entsprechend der bereitzustellenden mittleren Sendeleistung
4. Realisierungsmöglichkeiten und Kosten
[Ludloff, 2008]

Einige Modulationsarten wurden in der Vergangenheit aufgrund komplexer Signalerzeugung und –verarbeitung kaum verwendet. Mit heutiger digitaler Signalerzeugung und –verarbeitung spielen solche Einschränkungen kaum noch eine Rolle. Das populärste Modulationsverfahren für Radarsensoren ist aktuell das Frequency Modulated Continuous Wave Verfahren. Dieses Verfahren ist mit weniger Aufwand verbunden, da hier eine indirekte Laufzeitmessung möglich ist, bei der die Frequenzen (und nicht die Zeit) zwischen Sende- und Empfangssignal verglichen werden [Reif, 2010].

2.2 Doppler Effekt

Der vom Österreicher Christian Doppler 1842 entdeckte Effekt besagt, dass eine elektromagnetische Welle eine Frequenzverschiebung erfährt, wenn sich Beobachter und Sender relativ zueinander bewegen. Dasselbe geschieht, wenn ein Radarstrahl von einem relativ zum Radar bewegten Objekt reflektiert wird [Winner, et al. 2015]. Ein Radarstrahl legt zu einer beliebigen Entfernung r und wieder zurück zum Empfänger eine reelle Zahl $z\lambda$ von insgesamt $z=2r/\lambda$ Wellenlängen zurück. Daraus folgt eine Phasenverzögerung von $\varphi=-2\pi z$. Bei einer Änderung von r mit $\dot{r}$ erfährt auch die Phase eine Änderung von $\dot{\varphi} = -2\pi\dot{z} = -\frac{4\pi\dot{r}}{\lambda}$ [Winner, et al. 2015]. Das empfangene Signal zu Gleichung 2.1.1 lässt sich also wie folgt umschreiben:

$$u_r(t) = A_r \cdot \cos(2\pi \left(f_0 - \frac{2\dot{r}}{\lambda} \right) t + \varphi_r) \qquad (2.2.1)$$

Der Doppler-Effekt ist die Frequenzänderung $f_{Doppler}$, die proportional zur Relativgeschwindigkeit und zum Kehrwert der Wellenlänger $\lambda = f_0/c$ ist [Winner, et al., 2015]. Daraus lässt sich folgende Gleichung für den Doppler-Effekt ableiten:

$$f_{Doppler} = -\frac{2\dot{r}}{\lambda} = -\frac{2\dot{r}f_0}{c} \qquad (2.2.2)$$

Um die räumliche Verteilung der abgestrahlten Energie einer Antenne zu beschreiben, wird ein sogenanntes Strahlungsdiagramm (engl. Radiation Pattern) benutzt (siehe Abbildung 4). Das Strahlungsdiagramm ist ein Maß für die in eine bestimmte Richtung (Azimut ϕ, Elevation ϑ) abgestrahlte Leistung pro Flächeneinheit [Ludloff, 2008]. Das Strahlungsdiagramm weist eine Hauptkeule (engl. Main Beam) und die unvermeidbaren Seitenzipfel oder Nebenkeulen (engl. Sidelobs) auf. Die Größe und der Verlauf der Keulen hängt vorwiegend vom Amplitudenverlauf der Apertur-Belegung ab, also von der Öffnungsweite der Antenne. Ein wichtiger Parameter für die Funktionalität des Radars in der Ebene, in der hohe Richtwirkung erwünscht ist, ist der Antennenparameter der 3 dB-Keulenbreite (engl. Beamwidth). Dieser Parameter ist entscheidend für Winkelmessgenauigkeit und Clutterunterdrückung, also die Unterdrückung von Zielen, die das Radar erfasst und anzeigt, die aber unerwünscht sind. Für eine gute Winkelmessgenauigkeit und Winkelauflösung ist eine kleine Keulenbreite (d.h. hohe Bündelung) wünschenswert [Ludloff, 2008]. Für die Keulenbreite in Grad gilt annähernd:

$$\theta_{3dB} \approx 65 \cdot \frac{\lambda}{D} \tag{2.3.1}$$

Die Abmessung der Antenne in der Ebene des Winkels θ_{3dB} wird durch D gekennzeichnet. Die Keulenbreite ist definiert als der Winkelbereich, innerhalb dessen die am Radarziel gemessene Leistung um *3dB*, relativ zur Leistung im Strahlungsmaximum, nach jeder Seite abfällt.

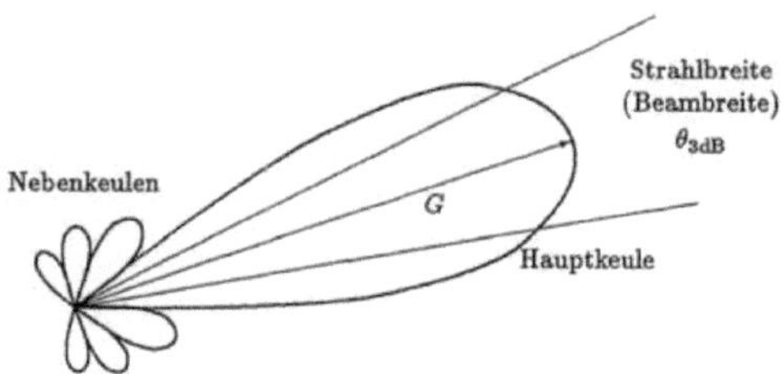

Abbildung 4: Typisches Strahlungsdiagramm einer Antenne in der Azimutebene

[Ludloff, 2008]

Eine wichtige Eigenschaft, die ein Radarsensor ebenfalls für den automobilen Einsatz mitbringt, ist die Mehrzielfähigkeit. Um diese zu gewährleisten, ist eine geeignete Trennfähigkeit in mindestens einer der Dimensionen Abstand, Relativgeschwindigkeit und Azimutwinkel notwendig [Winner, et al. 2015]. Mehrzielfähigkeit bedeutet in der Praxis, dass ein möglichst geringes „Zellvolumen" angestrebt wird. Damit ist das Produkt der Zellengrößen der drei Dimensionen gemeint, auch wenn diese unterschiedliche Einheiten besitzen [Winner, et al. 2015]. Die Mehrzielfähigkeit ist einzig auf Winkelbasis nicht mit einbaukompatiblen Antennen möglich. Das gleiche gilt für die Mehrzielfähigkeit einzig aufgrund des Abstandes, da diese an ihre Grenzen stößt, wenn sich mehrere Objekte in gleichem Abstand befinden. Bei stehenden Objekten ist auch die Trennfähigkeit nach der Relativgeschwindigkeit nicht möglich. Sinnvoll ist also eine Trennfähigkeit nach Abstand und Relativgeschwindigkeit [Winner, et al. 2015].

2.4 Informationen der Radarsignale

Entfernung. Die Messung der Entfernung eines Objektes ist wohl die gängigste Charakteristik des Radars. Die Entfernung wird durch die Messung der Zeit des Radarsignals vom Sender zum Objekt und zurück gemessen. Kein anderer Sensor kann über solche Entfernungen und bei schlechten Wetterbedingungen mit einer solchen Genauigkeit messen [Skolnik, 1970]. Entfernung wird meist mit dem Short Pulse gemessen, einem Radar mit weiter Bandbreite. Je kürzer der Impuls, desto genauer die Entfernungsmessung [Skolnik, 1970].

Relativgeschwindigkeit. Durch fortlaufende Messungen der Entfernung kann die Änderungsrate der Entfernung und damit die Relativgeschwindigkeit erfasst werden [Skolnik, 1970]. Dies ist ebenfalls mithilfe der Doppler-Frequenz Verschiebung des Echo Signals an einem bewegten Objekt möglich.

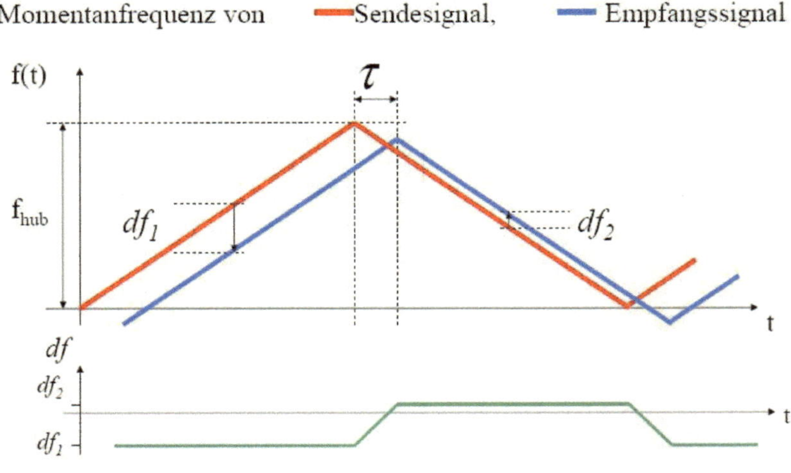

Abbildung 5: Signalform eines linearen FMCW- Radars

[Bouzouraa, 2011]

Abbildung 5 beschreibt die Funktionsweise eines FMCW Radars und dient uns im Folgenden zur Beschreibung der Entfernungs- und Geschwindigkeitsmessung.

Das FMCW Radar sendet ein lineares frequenzmoduliertes Trägersignal mit der Trägerfrequenz f_0 aus [Bouzouraa, 2011]. Das Sendesignal setzt sich aus verschiedenen Segmenten zusammen, wobei die Frequenz rampenförmig moduliert wird. Die Sendefrequenz f_s kann wie folgt beschrieben werden.

$$f_s(t) = \begin{cases} f_0 + \dfrac{f_{hub}}{T} \cdot t & 0 \leq t \leq T & \textbf{(2.4.1)} \\[2ex] f_0 + f_{hub} - \dfrac{f_{hub}}{T} \cdot (t - T) & T \leq t \leq 2T & \textbf{(2.4.2)} \end{cases}$$

Wird ein Ziel mit der Relativgeschwindigkeit $\dot{r}$ in der Anfangsentfernung R_0 detektiert, so kann die radiale Entfernung wie folgt in Abhängigkeit von der Zeit beschrieben werden:

$$R(t) = R_0 + \dot{r}t \qquad \textbf{(2.4.3)}$$

Das empfangene Signal ist um die Laufzeit τ gegenüber dem Sendesignal verzögert [Bouzouraa 2011]. Da sich elektromagnetische Wellen mit Lichtgeschwindigkeit c ausbreiten, lässt sich folgender Zusammenhang für die Laufzeit ableiten:

$$\tau = \frac{2R}{c} \qquad \textbf{(2.4.4)}$$

Der Dopplereffekt führt zu einer Dopplerfrequenzverschiebung f_D des empfangenen Signals, siehe Gleichung 2.2.2.

Mithilfe einer FFT (<u>F</u>ast <u>F</u>ourier <u>T</u>ransformation) kann nun die Frequenzverschiebung zwischen Empfangsfrequenz f_E und Sendefrequenz f_S berechnet werden:

$$df(t) = |f_s(t) - f_E(t)| = \begin{cases} \dfrac{f_{hub}}{T} \cdot \tau - f_D & \tau \leq t \leq T & \textbf{(2.4.5)} \\[2ex] \dfrac{f_{hub}}{T} \cdot \tau + f_D & T + \tau \leq t \leq 2T & \textbf{(2.4.6)} \end{cases}$$

Daraus lässt sich die Laufzeitfrequenzverschiebung f_R und die Entfernung R ableiten:

$$f_R = \frac{f_{hub}}{T} \cdot \tau \qquad \textbf{(2.4.7)}$$

$$R = \frac{c}{2} \cdot \tau = \frac{c}{2} \cdot T \cdot \frac{f_R}{f_{hub}} \qquad \textbf{(2.4.8)}$$

Die Frequenzverschiebung $df(t)$ enthält sowohl die Laufzeitfrequenzverschiebung als auch die Dopplerfrequenzverschiebung. Aus diesem Grund werden in der Regel mindestens zwei Frequenzrampen verwendet, um die beiden Unbekannten f_D und f_R bestimmen zu können [Bouzouraa, 2011].

Winkelrichtung. Die Richtung, in die sich ein Objekt bewegt wird, über den Winkel der zurückgeworfenen Wellenfront zum Radar bestimmt [Skolnik, 1970]. Hierfür wird eine Richtantenne, also eine Antenne mit einem engen Strahlungsmuster, verwendet. Die Richtung, in die die Antenne zeigt, wenn das empfangene Signal ein Maximum ist, beschreibt die Richtung des Zielobjekts [Skolnik, 1970]. Diese Messtechnik, wie auch andere Winkelmesstechniken (beispielsweise das Triangulationsverfahren) [Bouzouraa, 2011], sind möglich, wenn die geradlinige Ausbreitung der elektromagnetischen Wellen nicht beeinflusst wird.

Andere Daten der Radarmessung wie zum Beispiel die Größe und die Form eines Objekts sind ebenfalls möglich. Hierfür wird ein Radar mit einer sehr hohen Auflösung benötigt.

2.5 Signalverarbeitung

Tabelle 2: Allgemeine Schritte der Radarsignalverarbeitung

Verarbeitungsschritt	Erläuterung
Signalformung	Modulation (Frequenztreppen oder Rampen, Pulsgenerierung), Strahlumschaltung oder -formung
Vorverarbeitung und digitale Datenerfassung	Demodulation, Verstärkung, digitale Datenerfassung
Spektralanalyse	Zumeist ein- oder zweidimensionale (Fast-) Fouriertransformation der digitalen Daten, dabei enthalten die Frequenzlage und die komplexen Amplituden die Information über Abstand, Geschwindigkeit und Azimutwinkel.
Detektion	Erkennen von Peaks im Spektrum, zumeist mittels Vergleich mit einer adaptiven Schwelle.
Matching	Zuordnung von detektierten Peaks zu einem Objekt
Azimutwinkelbestimmung	Ermittlung des Azimutwinkels über den Vergleich der Amplituden verschiedener Empfangszweige mit Antennencharakteristik
Bündelung (Clustering)	Zusammenfassung von Detektionen, die vermutlich zu einem Objekt gehören.
Tracking	Aktuelle Objektdaten zu vorher bekannten Objekten zuordnen (= Assoziation), um eine zeitliche Datenspur (Track) zu erhalten, die gefiltert und aus denen die Objektdaten für die nächste Zuordnung prädiziert werden

Quelle: [Winner, et al., 2015]

Die Radarsignalverarbeitung verläuft relativ unabhängig von Modulations- und Antennenkonzept in gleicher Reihenfolge (siehe Tabelle 2). Die entscheidenden Schritte sind die Detektion und das Matching. Die Detektion erfolgt mittels kohärenter oder inkohärenter Detektoren. Kohärente Detektoren werten sowohl die Amplitude als auch die Phase des Empfangssignals aus, während inkohärente Detektoren ausschließlich die Phase verwenden [Göbel, 2011]. Der kohärente Detektor nutzt also mehr Informationen des Signals als der inkohärente, ist aber auch mit mehr Aufwand verbunden [Göbel, 2011]. Das anschließende Matching ist die Zuordnung von detektierten Peaks zu einem Objekt [Winner, et al. 2015].

Definition:

Entdeckungswahrscheinlichkeit: Die Wahrscheinlichkeit, mit der ein tatsächlich vorhandenes Ziel entdeckt wird. Dieser Wert sollte möglichst groß sein.
Falschmeldewahrscheinlichkeit: Die Wahrscheinlichkeit, dass eine Meldung ausgelöst wird, obwohl kein Ziel vorhanden ist. Dieser Wert sollte möglichst klein sein.

Die Auswertung der Empfangssignale, um zu entscheiden ob ein Ziel vorliegt oder nicht, ist ein hochgradig statistischer Prozess [Göbel, 2011].
Die Entdeckungswahrscheinlichkeit ist eine Funktion des Verhältnisses der Signalleistung zur Störleistung (Rauschen, Störsignale etc.) sowie der Form des Radarsignals. Zur Verarbeitung wird meist ein Videosignal erzeugt, in dem die empfangenen Echos in die Zeitfunktions-Ebene umgesetzt und anschließend gleichgerichtet werden. Die Auswertung findet mithilfe einer Schwelle statt. Bei Überschreitung der Schwelle wird vom Vorhandensein eines Ziels ausgegangen (Abbildung 6) [Göbel, 2011]. Es wird zwischen zwei Fällen unterschieden:
1. Zeitpunkt mit Nutz- und Störsignal: Durch ein Störsignal mit entgegengesetzter Phase und ausreichender Amplitude kann fälschlicherweise eine Unterschreitung der Schwelle auftreten.
-->Entdeckungswahrscheinlichkeit kleiner 1
2. Zeitpunkt nur Störsignal: Durch eine hinreichend große Amplitude des Störsignals tritt eine Überschreitung der Schwelle und damit eine Falschmeldung auf.
-->Falschmeldewahrscheinlichkeit größer 0

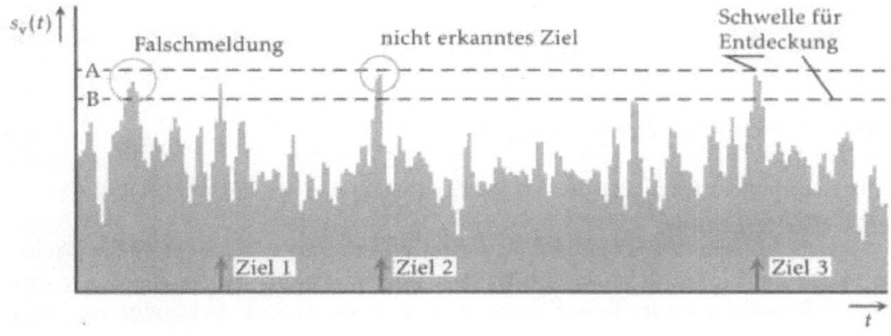

Abbildung 6: Zeitfunktion des Videosignals am Empfängerausgang

Quelle: [Göbel, 2011]

Die Vermeidung solcher „Falschmeldungen" und „nicht erkannter Ziele" stellt eine komplexe Aufgabe dar. Es wurden einige Verfahren entwickelt, wie beispielsweise das Constant False Alarm Ratio (CFAR), bei dem die Schwelle nicht konstant, sondern konturadaptiv, also sich dem Clutter anpassend, verläuft, um Falschmeldungen zu vermeiden [Göbel, 2011].

3. Aktuelle Radarsensoren

Radarsensorik ist stark abhängig von der Regulierung der Frequenzbänder durch europäische Gesetzgebung. So gibt es aktuell vier Trägerfrequenzen, die noch benutzt werden dürfen. Die Nutzung von zwei Bändern hat sich aber inzwischen durchgesetzt. So wird das 76-77 GHz Band für den Fernbereich benutzt und das 24,05-24,25 GHz Band für den Nahbereich (siehe Tabelle 3).

Tabelle 3: Nach europäischem Recht zugelassene Frequenzbänder automobiler Radarsensoren. Zum Vergleich sind deren typische Entfernungsmessbereiche und Nutzungsdauern angegeben

Trägerfrequenz	Bandbreite	Typ. Entf.bereich	Nutzungsdauer
76,5 GHz	1 GHz	fern	seit 1998
79 GHz	4 GHz	nah	seit 2005 (derzeit ungenutzt)
24,15 GHz	5 GHz	nah	2005–2013
25,25 GHz	2,4 GHz	nah	2011–2018
24,125 GHz	200 MHz	nah	uneingeschränkt

[Zuther, 2014]

Fernbereichsradarsensoren (Long Range Radar)

Fernbereichsradarsensoren arbeiten im 76-77 GHz Frequenzband. Aktuelle Radarsensoren decken einen Fernbereich von bis zu 200m ab. Der hohe Fernbereich zieht einen kleinen Öffnungswinkel im Nahbereich mit sich. Die hohe Frequenz führt aber zu einer höheren Genauigkeit bei den Detektionseigenschaften.
Fernbereichsradarsensoren werden im Automobil meist zur Detektion von vorausfahrenden Fahrzeugen oder zur Detektion von Fußgängern benutzt.

Nahbereichsradarsensoren (Short Range Radar)

Nahbereichsradarsensoren arbeiten im Frequenzband um 24 GHz und werden bereits seit über 30 Jahren industriell verwendet. Durch fortschreitende Halbleitertechnik ist es möglich, im Vergleich zu höheren Frequenzen, die Mikrowellenenergie direkt zu erzeugen [Weber & Kost, 2006]. Die 24 GHz Technologie bildet einen guten Kompromiss zwischen einer kurzen Wellenlänge, welche notwendig ist für eine hohe Genauigkeit bei der Zielvermessung, und der Witterungsanfälligkeit beispielsweise durch Regen oder Spritzwasser, die bei hoher Frequenz zunimmt. Vorteilhaft ist die verlustarme Leistungsführung des 24 GHz Bandes. Dem steht aber eine Zunahme der Relativgeschwindigkeitszelle gegenüber, da die Dopplerfrequenz proportional mit der Trägerfrequenz skaliert [Winner, et al. 2015]. Die niedrige Frequenz und die daraus resultierende Wellenlänge von $\lambda \approx 12\ mm$ führt zu einer Verbreiterung der Strahlcharakterisitik, falls die Antennengröße im Vergleich zu LRR beigehalten wird [Winner, et al. 2015]. Dadurch sinkt der Antennengewinn und die Winkelauflösung verschlechtert sich.

Nahbereichsradare haben meist einen größeren Öffnungswinkel und werden im Automobil meist für Spurwechselassistenz und Kollisionswarnung eingesetzt [Lindl, 2008].

Die Automobilzulieferer Bosch, Hella, ZF TRW und Valeo haben Radarsensoren bereits seit einigen Jahren in Produktion. So hat beispielsweise Bosch bereits die vierte Generation Radarsensoren entwickelt, welche im Folgenden genauer behandelt wird. Um den verschiedenen Einsatzgebieten von Radarsensoren gerecht zu werden und auch um die Funktionsvielfalt abzudecken, hat Bosch ein Baukastensystem entwickelt [Winner, et al. 2015].

Der LRR4 ist eine konsequente Weiterentwicklung des Fernbereichsradars LRR3 mit einer sehr hohen Reichweite, einer Linsenantenne und jetzt sechs statt bisher vier feststehenden Radarkeulen [Bosch [1], 2017]. Der LRR4 verfügt, wie auch sein Vorgängermodell, über die Möglichkeit, die Daten eines zweiten optionalen Radarsensors, einer Videokamera und die der Ultraschallsensoren auf dem eigenen Steuergerät zu verarbeiten.

Zusätzlich zu den bereits bestehenden LRR Systemen wurden auch zwei MRR (Mid Range Radar) auf den Markt gebracht. Der MRR besitzt ein planares Antennensystem (siehe auch Abbildung 7) und hat eine reduzierte Reichweite. Um zukünftigen Anforderungen, wie beispielsweise dem Fußgängerschutz, gerecht zu werden ist der MRR mit zwei Sendeantennen ausgestattet, einer Hauptantenne und einer Elevationsantenne [Bosch [2], 2017]. Mithilfe der Elevationsantenne wird bei detektierten Objekten eine Höhenmessung durchgeführt und Objekte klassifiziert in über- bzw. unterfahrbar [Bosch [2] 2017]. Der MRR rear ist ebenfalls mit zwei Sendeantennen ausgestattet, wobei diese aber in unterschiedliche Hauptsrahlrichtungen gerichtet sind. Das Einsatzgebiet liegt hier beispielsweise im Heckbereich des Autos durch den realisierten erweiterten Sichtbereich.

Die Produktionszahlen der Bosch Sensoren sind sehr stark gestiegen, was Bosch dazu veranlasste, auch die Fertigungsverfahren zu überarbeiten. Dazu zählt der Übergang zu Standardlötprozessen der SiGe-MMICs (Monolithic Microwave Integrated Circuit) [Winner, et al. 2015]. In Tabelle 4 sind die Daten des LRR3, LRR4 und der beiden MRR Radarsensoren von Bosch zusammengefasst.

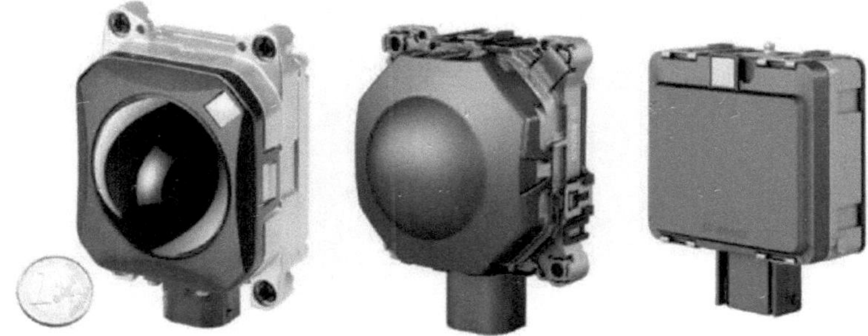

Abbildung 7: Bosch Fernbereichsradarsensoren der dritten und vierten Generation (von links nach rechts LRR3, LRR4, MRR)

Quelle: Bosch

Tabelle 4: Datenblatt LRR3, LRR4 und MRR von Bosch

	Generation 3	Generation 4		
Bosch Produktvariante	LRR 3	LRR 4	MRR	MRR rear
Baujahr	2009	2015	2013	2014
Allgemeine Eigenschaften				
Zyklusdauer	<125 ms	60 ms	60 ms	60 ms
Abmessungen (BxHxT)/mm^3	74x77x58	78x81x62	60x70x28	60x70x28
Signaleigenschaften				
Frequenzbereich	76-77 GHz	76-77 GHz		76-77 GHz
Modulationsverfahren	FMCW	FMCW	FMCW	FMCW
Rampenhöhe (typisch)	500 MHz	425 MHz	425 MHz	425 MHz/ 700 MHz
Rampen (Anzahl/typ. Dauer)	4 (6,5/1/7/11,5 ms)	5 (2,1...9,6 ms)	5 (1,3...5,9 ms)	4 (1,1...4,6 ms)
Detektionseigenschaften				
Entfernungsbereich	0,5...250 m	0,36...250 m	0,36...160 m	0,36...80 m
Entfernungszelle	0,5 m	0,36 m	0,36 m	0,36
Relativgeschwindigkeitsbereich	-80...+30 m/s	-80...+30 m/s	-80...+80 m/s	-80...+80 m/s
Relativgeschwindigkeitszelle	0,2 m/s	0,2 m/s	0,33 m/s	0,43 m/s
Azimut Messbereiche	12° Long Range 20° Mid Range 30° Short Range	12° (200m) 20° (100m) 30° (30m)	Hauptantenne 12° (160m) 18° (100m) 20° (60m) Elevationsantenne 50° (36m) 82° (12m)	10° (70m, Hauptstrahlrichtung) 150°(Nahbereich)
Azimut Winkelzelle	2°	2°	3,5°	-
Elevationsgenauigkeit (typisch)	-	0,2°	0,6°	-
Elevationskeulenbreite (6dB)	5°	4,5°	13°	13°
Hochfrequenzmodul				
Frequenzerzeugung	MMIC/SiGe, bonded, 18,9 GHz Referenzoszillator	SiGe-MMIC, Standardlötprozess, 18,9 GHz-Referenzoszillator	SiGe-MMIC, Standardlötprozess, 18,9 GHz-Referenzoszillator	SiGe-MMIC, Standardlötprozess, 18,9 GHz-Referenzoszillator

4. Einfluss der Radarsensoren auf autonomes Fahren

Beim vollautomatisierten Fahren stellt der Mensch keine mögliche Rückfallebene dar [Dietmayer, 2015]. Das bedeutet, dass das Fahrzeug bei Funktionseinschränkungen selbständig einen eigensicheren Zustand erreichen muss. Der Grad der Vollautomatisierung stellt dementsprechend, verglichen mit der Hochautomatisierung, in der man von Übergabezeiten an den Fahrer von fünf bis zehn Sekunden ausgeht, bevor dieser die Fahraufgabe wieder übernimmt, einen riesigen Schritt dar [Damböck, et al., 2012].

Um den Zustand der Vollautomatisierung zu erreichen, muss das Fahrzeug seine Umgebung wahrnehmen, interpretieren und daraus kontinuierlich sichere Handlungen ableiten und ausführen [Dietmayer, 2015]. In Abbildung 8 sind die verschiedenen Module beschrieben, die diese technische Realisierung übernehmen sollen.

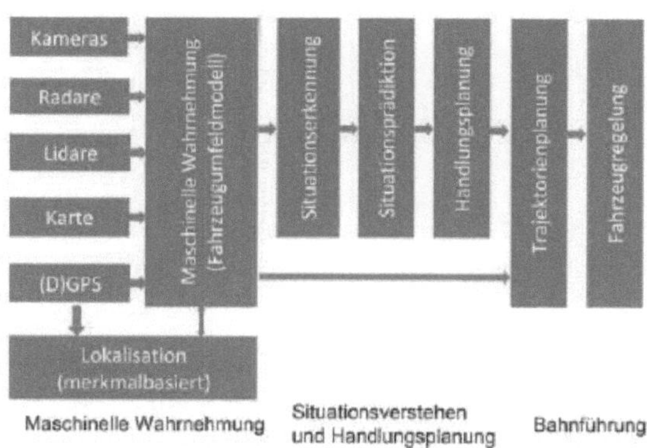

Abbildung 8: Grobstruktur der Informationsverarbeitung bei der automatischen Fahrzeugführung

[Dietmayer, 2015]

Bei der maschinellen Wahrnehmung, also der Aufgabe, alle für die Funktion des automatisierten Fahrens relevanten, anderen Verkehrsteilnehmer sicher zu erkennen und der Verkehrsinfrastruktur korrekt zuzuordnen, werden im Fahrzeugumfeld Sensoren verwendet. Neben Kamera- und GPS Technik spielen hierbei auch Radarsensoren eine große Rolle. Kameras liefern hierbei ein 2D Abbild der 3D Szene in Form von hochaufgelösten Grauwert- oder Farbbildern [Dietmayer, 2015]. Aus den Bildern der Kameras können bei genügend Kontrast oder Unterschieden in der Textur einzelne Objekte durch Bildverarbeitungssoftware extrahiert werden [Dietmayer, 2015]. Mit monostatischen Kameras ist eine Bestimmung der Objektentfernung kaum möglich. Stereokameras ermöglichen es zwar, die Objektentfernung zu bestimmen, die Genauigkeit nimmt aber mit dem Quadrat der Entfernung ab.

An diesem Punkt setzen Radarsensoren an, da diese sehr genaue und auch hinsichtlich der Messfehler nahezu distanzunabhängige Entfernungsmessdaten liefern. Das macht sie zu einem wichtigen Element für zukünftige Entwicklungen und Trends im Bereich des autonomen Fahrens.

Radarsensoren heben sich auch durch eine weitere Stärke von anderen Sensoren im Bereich der automotiven Wahrnehmungssensorik ab. Ihr Verhalten bei schlechtem Wetter (Regen, Nebel) ist wesentlich besser als das konkurrierender Sensoren. Tabelle 5 vergleicht die verschiedenen automotiven Sensorsysteme unter verschiedenen Aspekten. Es ist zu erkennen, dass die Objektbeschreibung in lateraler Ebene beim Radar vergleichsweise schlecht ausfällt. Dem wird mit aktuellen Radarsensoren, beispielsweise der Firma Bosch, durch eine zusätzliche Elevationsantenne begegnet, wie bereits in Kapitel 3 beschrieben.

Tabelle 5: Vergleich automotiver Sensorsysteme hinsichtlich ihrer Performanz

	Video	Nahes IR	Fern IR	Radar	Scan Radar	3D Kamera	Stereo-systeme	Laser-scanner	Ultra-schall
max. Reichweite	100 m	80 m	>3 m	150 m	100 m	20 m	80 m	150 m	4 m
Longitudinale Genauigkeit	⊖	⊖	⊖	⊕	⊕	⊕	⊕	⊕⊕	⊕
Laterale Genauigkeit	⊕⊕	⊕⊕	⊕⊕	⊖	○	⊕	⊕⊕	⊕	○
Objektbeschrei-bung	⊕⊕	⊕⊕	⊕⊕	○	○	○	⊕⊕	⊕	○
Schlechtwetter-verhalten	⊖	⊖	⊖	⊕⊕	⊕⊕	⊖	⊖	⊖	⊕
Verhalten bei Dunkelheit	⊖	⊕	⊕	⊕	⊕	⊕	⊖/⊕	⊕	⊕
Verbaubarkeit	⊕	○	⊕	⊕⊕	⊕	○	⊖	○	⊕⊕
Kosten	⊕⊕	○	⊖	○	○	○	○/⊖ ⊖	⊖	⊕⊕

[Lindl, 2008]

Durch moderne Sensoren ist es sehr gut möglich, die Fahrzeugumgebung zu erfassen. Jedoch ist man von einem Situationsverstehen noch weit entfernt. Um dies zu erreichen, müssen die Daten der Sensoren so verarbeitet werden, dass mit Ihnen auch eine Objektklassifikation zur Unterscheidung und zur Feststellung der Abhängigkeiten der vielfältigen verkehrsrelevanten Objekte auch in dynamischen Situationen möglich ist [Bengler, et al., 2012].

Radarsensoren sind bereits seit einigen Jahren ein Diskurs in der Automobilindustrie und werden auch schon in Autos verbaut. Allerdings werden Sie dort nur in den Premium Klassen verbaut und bilden einen Teil von Fahrerassistenzsystemen beziehungsweise dem sogenannten Adaptive Cruise Control (Abk. ACC). So verbauen beispielsweise BMW, Audi oder Mercedes Benz schon seit Beginn der 2000er Jahre Radarsensoren in deren Oberklassesegment. Lange Zeit waren Radarsensoren in der Herstellung zu teuer, um sie auch im Mittelklasse Segment zu verbauen. Durch Fortschritte im Fertigungsprozess, wie beispielsweise die genannten Standardlötprozesse bei Bosch, sinken die Kosten aber stetig.

Bosch verkündete Ende 2013, die Radartechnik sei reif für den Massenmarkt [Kraus, 2013]. Auch die geplanten Fertigungszahlen von Bosch sprechen für diese Aussage. Vom Serienstart im Jahr 2000 dauerte es bis zum Frühjahr 2013, um die erste Million zu fertigen. Die zweite Million wird dagegen bereits 2014 vom Band laufen und nur zwei Jahre später ist der zehnmillionste Sensor geplant [Kraus, 2013].

Die große Konkurrenz des Radars stellt aber weiterhin die Lidartechnologie dar.
Lidar (Abkürzung für engl. Light Detection and Ranging) ist dem Radar eng verwandt, wobei hier statt Radiowellen Laserstrahlen zur Detektion verwendet werden. Auch Lidar wurde konsequent weiterentwickelt, ist dem Radar aber in entscheidenden Aspekten im Bereich des autonomen Fahrens unterlegen. So profitiert Radar von der Fähigkeit, den Dopplereffekt messen zu können und von einer höheren Wetterrobustheit [H. Winner, 2015]. Dem stehen aktuell eine geringe Raumwinkelauflösung bei akzeptabler Antennengröße entgegen. In diesem Bereich wird an der Terahertz Technologie gearbeitet. Bei halber Wellenlänge wären Keulenbreiten von 1° möglich, was die Bestimmung der Grenzen eines Objekts in befriedigender Qualität ermöglichen würde [H. Winner, 2015].

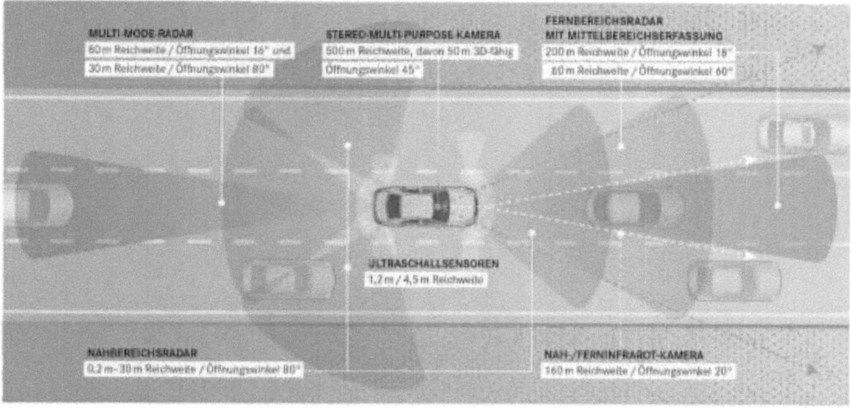

Abbildung 9: Sensorik im Automobil; Reichweite und Öffnungswinkel

Quelle: Mercedes Benz

Mit zunehmender Automatisierung der Automobilität bis hin zum autonomen Fahren wird wohl aufgrund der vielen genannten Vorteile kein Weg an Radarsensoren vorbeigehen. Sie werden ein kleiner Teil in einem großen Paket an Sensorik im Automobil darstellen (siehe Abbildung 9).

So wird sich das Premium Produkt Radarsensor mit der Zeit wohl zum Massenprodukt entwickeln und in den meisten Autos als Standard vorausgesetzt werden.

Aktuell sind auf diesem Markt aber vorwiegend die großen Unternehmen tätig, was wohl auch stark mit den hohen Anfangsinvestitionen für Siliziumtechnologien für das Hochfrequenzmodul verbunden ist. Hierzu wurden einige Konzepte entwickelt, wie beispielsweise die vollständige Integration von Sende-/Empfangsmodulen auf einem Halbleiter Chip [Steinhauer, 2007] um Niederfrequenz-Verbindungstechnik verwenden zu können, welche geringere Fertigungstoleranzen erfordert.

Eben solche Technologien machen die Radarsensortechnologie für mittelständische Unternehmen womöglich in Zukunft interessanter.

5.1 Kooperative Sensoren und Sensordatenfusion

Die Wahrnehmungssensorik ist der wohl am weitesten fortgeschrittene Teil innerhalb aller Komponenten für das autonome Fahren. Eine absolute Verlässlichkeit auf die Informationen der Sensoren wird aber immer essentieller [Rasshofer & Naab, 2005]. Aktuelle, in sich geschlossene Sensoren können diese Verlässlichkeit noch nicht bieten, schlicht aufgrund der komplexen Situationen im Straßenverkehr und der Mehrdeutigkeit von Straßenverkehrsszenarien. Ein Weg, der sich bewährt hat, um Informationen von Sensoren zu verbessern, sind kooperative Sensoren. So könnten kooperative Sensoren beispielsweise Kommunikationseigenschaften besitzen [Inoue & Arita, 2005] [Lindenmeier, et al., 2003], um Informationen über ein Objekt zwischen Fahrzeugen zu teilen. Diese Technologie würde es ermöglichen, die Plausibilität der erfassten Daten eines in sich geschlossenen Sensors zu verifizieren.

Der weitere technische Weg entwickelt sich weg vom Ein-Sensor-Konzept und hin zur diversitären Multi-Sensorik mit Sensordatenfusion [H. Winner, 2015]. Aufgrund verschiedenster Fahrzeugfunktionen, wird es wohl aus Kosten- und Platzgründen nicht mehr möglich sein, separate Sensorsysteme zu nutzen [Rasshofer & Naab, 2005].

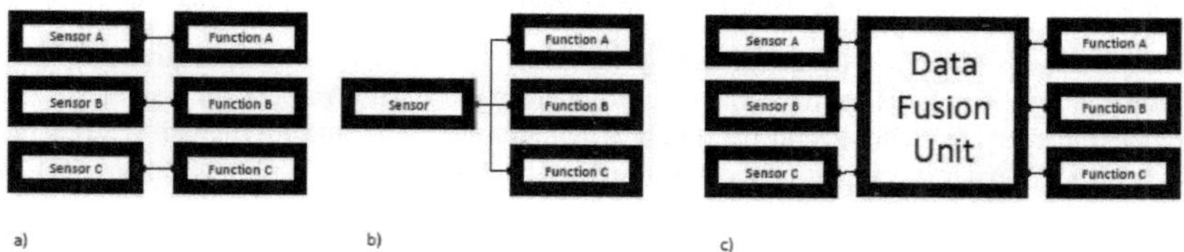

Abbildung 10: Architektur von Fahrerassistenzsystemen

a) Separate Sensoren und Fahrzeugfunktionen
b) Mehrfache Benutzung von Sensoren
c) Multi Sensor Datenfusion
[Rasshofer & Naab, 2005]

Abbildung 10 beschreibt die technische Entwicklung der Architektur von Fahrerassistenzsystemen. Begonnen hat diese Entwicklung bei separaten Sensoren für jede Fahrzeugfunktion und ging dann über in die Nutzung eines Sensors für mehrere Funktionen. Aktuell geht der Trend zu Sensordatenfusion (Abb. 3c)). So wird bereits heute die Kombination der Stärken verschiedener Sensortypen genutzt. Das primäre Ziel der Datenfusion besteht darin, Daten von Einzelsensoren so zusammenzuführen, dass Stärken gewinnbringend kombiniert und einzelne Schwächen reduziert werden [Darms, 2012]. Das macht die Sensordatenfusion im Bereich des Automobils zu einem entscheidenden Aspekt. Es wird unterschieden zwischen redundanten Sensoren, komplementären Sensoren und der Akquisitionsgeschwindigkeit des Gesamtsystems (zeitliche Aspekte). Redundante Sensoren liefern Informationen über dasselbe Objekt. Dadurch kann die Fehlertoleranz bzw. die Verfügbarkeit des Systems erhöht werden [Darms, 2012]. Komplementäre Sensoren ermöglichen es, sich ergänzenden Informationen in den Fusionsprozess einzubringen. Dadurch kann die Robustheit des Gesamtsystems bezüglich der Detektion einzelner Objekte gesteigert werden. Das wohl prominenteste Beispiel hierfür ist die bereits im Automobil verwendete Kombination eines Radarsensors mit einem Kamerasystem.

Durch die Datenfusion kann die Akquisitionsgeschwindigkeit des Gesamtsystems erhöht werden, was eine entscheidender Aspekt für die weitere Entwicklung des autonomen Fahrens darstellt. Dies kann entweder durch parallele Verarbeitung der Daten von Einzelsensoren oder durch entsprechende zeitliche Gestaltung des Akquisitionsvorgangs geschehen (bspw. Abwechselnd messende Sensoren) [Darms, 2012]. Die erhöhte Genauigkeit durch komplementäre Sensorinformationen kann außerdem die Dynamik der Schätzung beeinflussen.

5.2 Dual Sensor

Das Dual Sensor Konzept [Lucas, 2008] verbindet zwei LRR zu einem integralen Sensor Prinzip. Die beiden LRR besitzen spiegelbildlich asymmetrische Antennencharakteristika. Die Nebenkeulen der Antennen sind nach Fahrzeugaußen gerichtet und die beiden Hauptkeulen sind parallel nach vorne ausgerichtet (siehe Abbildung 11). Daraus ergeben sich drei entscheidende Vorteile:

1. Eine breite Abdeckung von Beginn an (d. h. nach der ersten Abstandszelle)
2. $\pm$ 20° Sicht im Nahbereich
3. eine Überlappung im Hauptbereich.

Die Überlappung kann sowohl zur Fehlererkennung als auch zur Verbesserung der Signalverarbeitung, vorrangig der Azimutwinkelbestimmung, eingesetzt werden [Winner, et al. 2015].

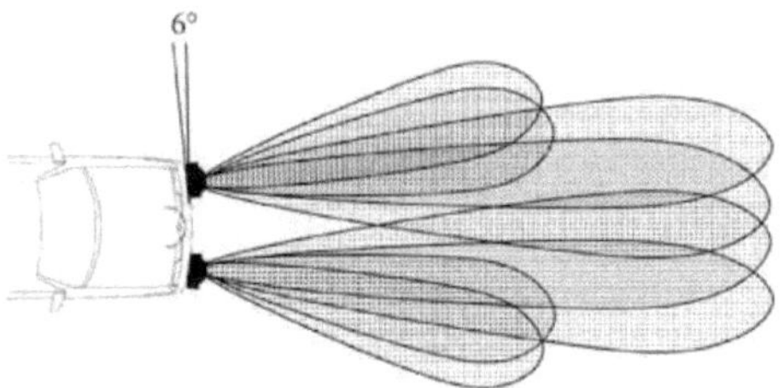

Abbildung 11: Doppel-Radar-Anordnung mit asymmetrischen Vierstrahl Radarsensoren

[Lucas, 2008]

Nachteilig sind natürlich die hohen Kosten durch zwei verbaute LRR zu betrachten, es ist aber durchaus möglich, dass auf Nachbereichssensorik verzichtet werden kann.

5.3 Digitale Strahlformung

Die digitale Strahlformung (engl. Digital Beamforming, DBF) nutzt für die Winkelabbildung Gruppenanordnungen aus mehreren Sende- oder Empfangsantennen [Schuler, 2007]. Die Strahlformung findet während des Auswertungsprozesses mittels digitaler Signalverarbeitung statt. So können aufgezeichnete Signale zu Strahlungskeulen beliebiger Richtung kombiniert werden [Harter, 2014]. Der Einsatz der DBF ist erst durch die sinkenden Kosten schneller und hochauflösender A/D Wandler und der steigenden Leistungsfähigkeit von digitalen Signalprozessoren (DSP) und FPGAs (engl. Field Programmable Gate Arrays) möglich geworden. Durch die einfache Verarbeitung der Messdaten können jetzt auch parametrische Winkelschätzmethoden eingesetzt werden [Krim und Viberg, 1996].

Die digitale Strahlformung kann sowohl sende- als auch empfangsseitig durchgeführt werden. Der parallele Betrieb mehrerer Sender ist allerdings nur möglich, wenn die Sendesignale kodiert wurden [Donnet und Lonstaff 2006].
Die digitale Strahlformung bietet einen entscheidenden Vorteil gegenüber anderen Verfahren. Sie ermöglicht es, digital eine simultane Fokussierung auf beliebige Winkel im

Raum durchzuführen [Harter 2014]. Das macht die digitale Strahlformung interessant für die Fahrzeugumgebungserfassung, da Objekte mithilfe dieser Technologie besser beschrieben und klassifiziert werden können (siehe Kapitel 5.4). Zusätzlich können mit der digitalen Strahlformung mehrere Ziele in einer Entfernungszelle aufgelöst werden. Durch die Verwendung mehrerer Sender kann der Schaltungsaufwand deutlich reduziert werden [Harter 2014].

5.4 Dreidimensional messende Radarsensoren

Durch die hohen Kosten der Hardware war es lange Zeit schwer, drediminensional messende Radarsysteme außerhalb des militärischen Bereichs umzusetzen. Im Bereich ihrer Dissertation hat [Harter, 2014] ein Konzept eines solchen Sensors und dessen Umsetzung durchgeführt. Das verwendete Messprinzip ist eine Kombination einer FMCW- basierten Entfernungsmessung mit einem Mehr-Sender/Mehr-Empfänger Konzept zur Winkelbestimmung über digitale Strahlformung.
Durch die orthogonale Anordnung der Sende- und Empfangsantennenarrays ist eine zweidimensionale Winkelbestimmung mit deutlich reduziertem Hardwareaufwand umgesetzt worden [Harter 2014]. Das System, bestehend aus Synthesizer- Sende- und Empfangseinheit und einer FPGA Steuereinheit, ist modular aufgebaut und hat kompakte Abmaße.
Das Systen ermöglicht nicht nur eine Positionsbestimmung des Messobjektes in drei Dimensionen, sondern bietet auch die Möglichkeit, ein dreidimensionales Abbild der Umgebung zu erstellen [Harter 2014]. Die Funktionalität des Radarsensors wurde auch in einer für den Automobilbereich interessanten Umgebung geprüft. Beispielsweise ist die Detektion von Fußgängern an Ampeln und die Unterscheidung von statischen und bewegten Objekten möglich [Harter 2014].

Literaturverzeichnis

Arcor. 2017. Zugriff am 11. Januar 2017. http://home.arcor.de/kutulu/FM.jpg.

Bengler, Klaus, Klaus Dietmayer, Berthold Färber, Markus Maurer, Christoph Stiller, und Hermann WInner. 2012. „Die Zukunft der Fahrerassistenz." Herausgeber: Uni-DAS e.V. Darmstadt, April.

Bosch [1]. 2017. *Bosch Mobility Solutions*. Zugriff am 7. Januar 2017. http://produkte.bosch-mobility-solutions.de/de/de/_technik/component/CO_PC_DA_Adaptive-Cruise-Control_CO_PC_Driver-Assistance_2434.html?compId=2432.

Bosch [2]. 2017. *Bosch Mobility Solutions*. Zugriff am 7. Januar 2017. http://www.bosch-mobility-solutions.de/de/produkte-und-services/pkw-und-leichte-nutzfahrzeuge/fahrerassistenzsysteme/vorausschauendes-notbremssystem/mittelbereichsradarsensor-(mrr)/.

Bouzouraa, Mohamed Essayed. 2011. „Belegungskartenbasierte Umfeldwahrnehmung in Kombination mit objektbasierten Ansätzen für Fahrerassistenzsysteme." Dissertation. Herausgeber: TU München.

Damböck, D., K. Bengler, M. Farid, und L Tönert. 2012. „Übernahmezeiten beim hochautomatisierten Fahren." Seite 16ff.

Darms, Michael. 2012. „Fusion umfelderfassender Sensoren." In *Handbuch Fahrerassistenzsysteme*, von Hermann Winner (Hrsg.), 237-248.

Dietmayer, Klaus. 2015. „Prädiktion von maschineller Wahrnehmungsleistung beim automatisierten Fahren." In *Autonomes Fahren: Technische, rechtliche und gesellschaftliche Aspekte*, von Markus Maurer, J. Christian Gerdes, Barbara Lenz und Hermann Winner, 419-438. Springer.

Donnet, B. J., und I. D., Lonstaff. 2006. „MIMO Radar, Techniques and Opportunities." *Proceedings of the European Radar Conference (EuRAD)* 112-115.

Elektronik Kompendium. 2017. „elektronik-kompendium." Zugriff am 11. Januar 2017. http://www.elektronik-kompendium.de/sites/kom/0401181.htm.

Göbel, Jürgen. 2011. *Radartechnik*. 2. Neu-Ulm: VDE Verlag.

Glatz, Nicolai. 2008. „Möglichkeiten eines Radartransceivers zur Hinderniserkennung an einem autonomen Fahrzeug." Herausgeber: Department Informatik der Fakultät Technik und Informatik der Hochschule für Angewandte Wissenschaften Hamburg.

Harter, Marlene. 2014. „Dreidimensional bildgebendes Radarsystem mit digitaler Strahlformung für industrielle Anwendungen." Dissertation. Herausgeber: Karlsruher Institut für Technologie. Karlsruhe, 10. Januar.

Inoue, Hiroto, und Takashi Arita. 2005. Communication Device Using an UWB Wireless Wave. Hrsg. US Patent US2005/0068225A1. März.

Kraus, Stephan. 2013. *Bosch-Presse*. 13. 8. Zugriff am 11. Januar 2017. http://www.bosch-presse.de/pressportal/de/de/bosch-praesentiert-neuen-radarsensor-42312.html.

Krim, H., und M. Viberg. 1996. „Two Decades of Array Signal Processing Research." *IEEE Signal Processing Magazine: The Parametric Approach* 13(4):67–94.

Lindenmeier, Stefan, Konrad Boehm, und Johann F. Luy. 2003. „A Wireless Data Link for Mobile Applications." IEEE Microwave and wireless components letters, Vol. 13, No. 8, August 2003.

Lindl, Rudi. 2008. „Tracking von Verkehrsteilnehmern im Kontext von Multisensorsystemen."
Dissertation. Herausgeber: Institut für Informatik der Technischen Universität
München.

Lucas, B., Held, R., Duba, G.-P., Maurer, M., Klar, M., Freundt, D. 2008. „Frontsensorsystem
mit Doppel Long Range Radar." *FAS 2008.*

Ludloff, Albrecht K. 2008. *Praxiswissen Radar und Radarsignalverarbeitung.* 4. Ulm:
Vieweg+Teubner.

Muntzinger, Marc M. 2011. „Zustandsschätzung mit chronologisch ungeordneten
Sensordaten für die Fahrzeugumfelderfassung." Dissertation. Herausgeber:
Universität Ulm.

Rasshofer, Ralph H., und Karl Naab. 2005. „77 GHz Long Range Radar Systems Status,
Ongoing Developments and Future Challenges." Herausgeber: BMW Group Research
and Technology. München.

Reif, Konrad. 2010. *Fahrstabilisierungssysteme und Fahrerassistenzsysteme.* Springer Verlag.

Schneider, Martin. 2005. „Automotive Radar – Status and Trends." Herausgeber: Robert
Bosch GmbH.

Schuler, Karin. 2007. „Intelligente Antennensysteme für Kraftfahrzeug- Nahbereichs-Radar-
Sensorik." Dissertation. Herausgeber: Universtität Karlsruhe (TH) Institut für
Hochfrequenztechnik und Elektronik (IHE).

Skolnik, Merrill. 1970. „Radar Handbook." McGraw-Hill, Incorporated.

Steinhauer, Matthias. 2007. „Untersuchung eines Systemkonzeptes für KFZ Radarsensoren
auf der Basis monolithisch integrierter Hochfrequenzmodule." Dissertation.
Herausgeber: Universität Ulm. 21. Juni.

Weber, Rolf, und Norbert Kost. 2006. „24-GHz-Radarsensoren für Fahrerassistenzsysteme."
Bd. 02/2006. ATZelektronik.

Wender, Stefan. 2008. „Multisensorsystem zur erweiterten Fahrzeugumfelderfassung."
Herausgeber: Universität Ulm.

Winner, Herrmann, Stephan Hakuli, Felix Lotz, und Christina Singer. 2015. „Radarsensorik."
Handbuch Fahrerassistenzsysteme, ATZ/MTZ-Fachbuch. Springer Fachmedien
Wiesbaden 2015.

Zuther, Sebastian. 2014. „Multisensorsystem mit schmalbandigen Radarsensoren zum
Fahrzeugseitenschutz." Dissertation. Herausgeber: Universität Ulm.

Abbildungs- und Tabellenverzeichnis